15 tigres pesan lo mismo que el rinoceronte. ¿ Cuánto pesan todos los que ves aquí ?

2.130 kilos

En el año 1976, Carlitos tenía 11 años. ¿ Cuántos años tendrá en 1989 ?

En un embalse había 35.658 litros de agua y cada día se filtraban 132 litros y se evaporaban 36 más. ¿ Cuántos litros de agua quedarán en el embalse al cabo de una semana ?

¿Cuánto pesa más el muñeco de nieve que la silla?

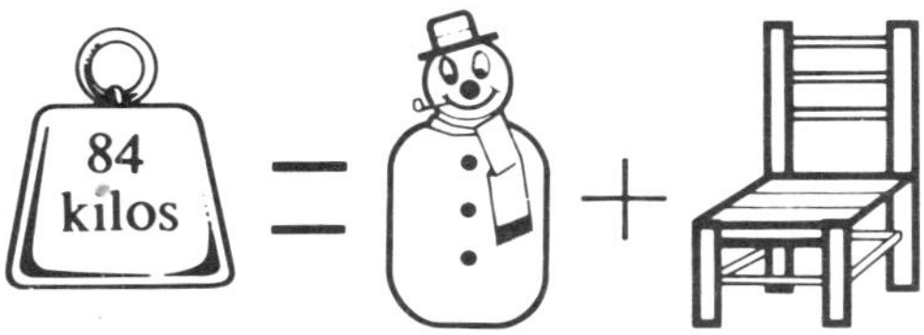

12 kilos

4365—1418 =

976 : 8 =

¿ Cuánto valen 25 pollos ?

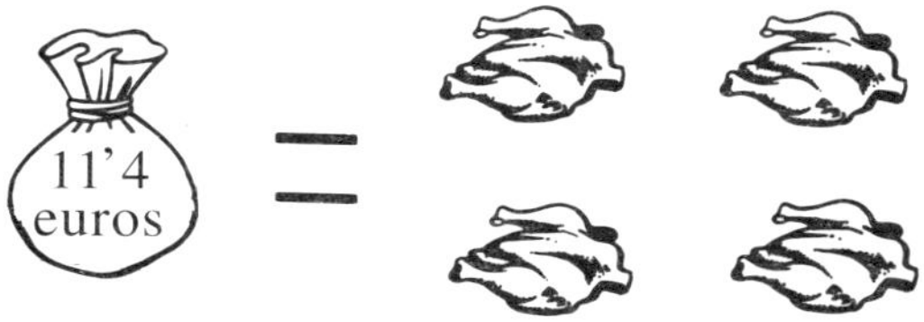

Una isla tiene una superficie de 60.492 kilómetros cuadrados y la ciudad más importante cubre la sexta parte. ¿ Qué superficie ocupa la ciudad ?

Los fondos municipales de un pueblo ascendían a 47.348 euros y se invirtieron 14.143 euros en administración, 21.321 euros en mejoras urbanas y 5.452 euros en obras benéficas. ¿A qué cifra quedaron reducidos los fondos del pueblo?

Averiguar cuántos dólares podemos adquirir con 11.088 euros si cada uno cuesta 0'906 euros.

6 × 400 = **945 : 9 =**

¿Cuánto pesa más el perro que el pez?

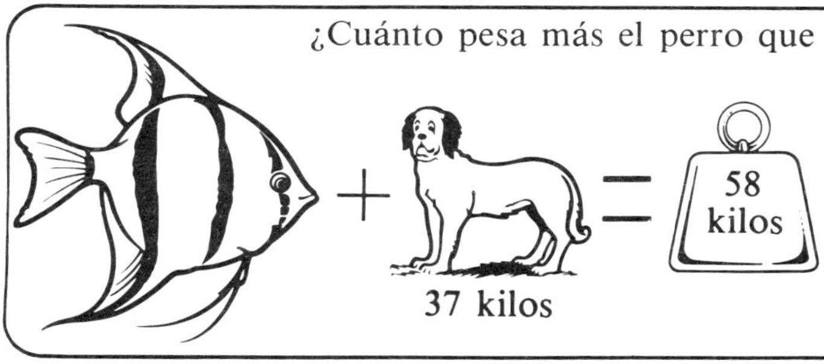

¿ Qué longitud tiene un rollo de alambre que a 45 céntimos el metro nos ha costado 82'8 euros?

A una final de fútbol acudieron 15.648 aficionados. Con autobuses lo hicieron 2.126 y en tren 6.315. ¿ Cuántos son los que fueron por otros medios ?

Ha llovido durante 3 días. El primer día han caído 52 litros de agua por metro cuadrado y lo llovido en cada uno de los restantes días fue doble que el del día anterior. ¿Cuántos litros por metro cuadrado se han recogido entre los tres días?

8 + 540 + 128 =

516 : 3 =

¿ Cuánto valen juntos el patín y un palomo ?

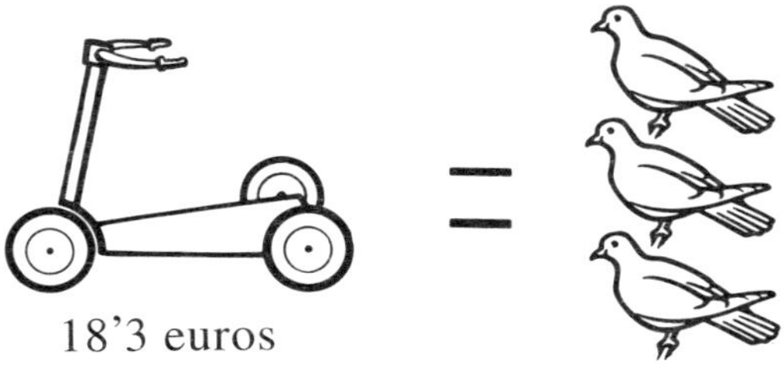

Un vehículo recorre 156 kilómetros en 2 horas. ¿ Qué distancia cubrirá en 9 horas ?

La repoblación forestal de un terreno ha costado 44.824 euros, a razón de 3'5 euros cada árbol. ¿Cuántos árboles se han plantado ?

Un incendio afectó a dos naves en las que estaban almacenadas 14.562 y 26.800 guitarras, respectivamente. Se salvaron 18.915. ¿ Cuántas guitarras resultaron dañadas ?

3450—1875 =

19×700 =

El avión es 5 veces más rápido que el helicóptero. ¿ Cuánto vuela más por hora ?

850 Km. hora

¿ Cuántos céntimos hay en 7 billetes de 500 euros cada uno ?

¿ Cuántos kilómetros recorrerá un ciclista desde las 6 de la mañana hasta las 4 de la tarde del mismo día si marcha a una velocidad de 24 kilómetros por hora y descansa durante una hora ?

Nos han regalado una bandeja con 12 pasteles y una caja con 20 bombones. Por cada 3 bombones que yo me como, mi mamá se come un pastel. Si yo me he comido 15 bombones, ¿ cuántos pasteles han sobrado ?

$8 \times 700 =$ **$632 : 4 =$**

Con el dinero que ves compro 2 camisas. ¿ Cuánto me sobrará ?

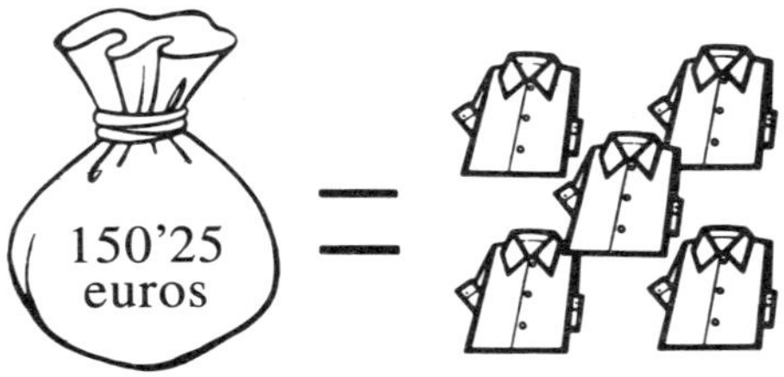

Con 58’4 euros, ¿ cuántos pares de calcetines se podrán comprar a 3’65 euros el par ?

Un ciclista ha recorrido 124’5 kilómetros diarios durante 8 días. ¿ Cuántas horas tardará un automóvil en recorrer el mismo trayecto a una velocidad de 83 kilómetros por hora ?

Una persona dejó al morir 42.000 euros, que tenían que repartirse por partes iguales entre 7 personas. Habiendo fallecido una de éstas, ¿ qué aumento experimentaron las demás ?

324 + 4357 = **916 × 50 =**

Si una trompeta vale 7'4 euros, ¿ cuánto vale un reloj ?

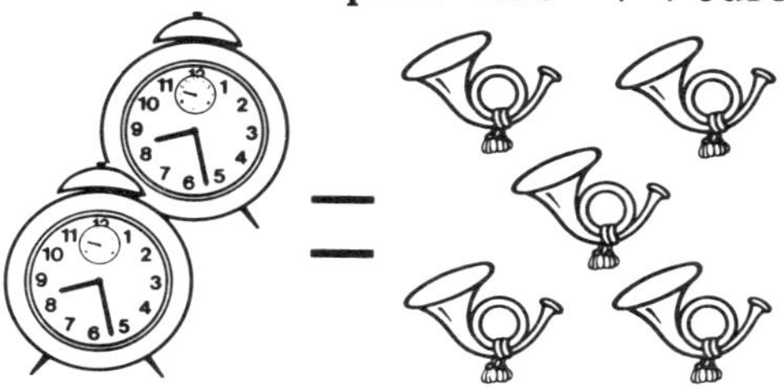

Con 28 botones se llena una caja. ¿ Cuántas docenas de cajas se llenarán con 5.040 botones ?

Un automóvil que gasta 1 litro de gasolina cada 12 kilómetros, ¿ cuántos kilómetros podrá recorrer con 53 litros de gasolina ?

Un almacenista ha comprado 21 racimos de plátanos por 264'6 euros . ¿ A qué precio le resulta cada racimo ?

6075—738= **815:5=**

¿ Cuánto valen los melones que se lleva este señor ?

Se extrae el fango de un lago con una dragadora y 12 camiones se lo llevan, haciendo 64 viajes cada uno. Si la carga de un camión, por viaje, es de 12 toneladas, ¿ cuántas toneladas de fango se han sacado ?

Compramos una máquina de escribir, de ocasión, por 115’27 euros y gastamos 27’85 euros en reconstruirla. ¿ Por cuánto debemos venderla para ganar 46’88 euros ?

Dos campos de naranjos han producido igual número de kilos y entre los dos se han recogido 6.400 kilos. Si el primero tiene 25 naranjos y el segundo 40, ¿ cuántos kilos produjo un árbol de cada campo por término medio ?

7 × 500 = **387 : 9 =**

Averiguar el peso de una bombona de butano.

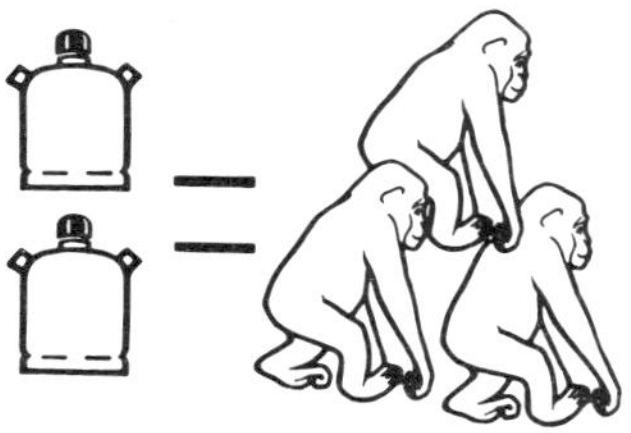

16 kilos

Tenemos 18 vacas que dan 14 litros de leche cada una por día. De cada 8 litros se obtiene una libra de manteca. En 50 días, ¿ cuántas libras de manteca fabricaremos ?

Un tonel vacío pesa 82 kilos y con vino hasta la mitad pesa 253 kilos. Si estuviera totalmente lleno, ¿ cuánto pesaría ?

¿ Cuántos viajes hará un camión para transportar 2.700 cajas de limones, cargando 450 cajas en cada viaje ?

4123 + 8674 =

800 : 50 =

Herminia alcanza 250 pulsaciones por minuto y José 186. ¿ Cuántas pulsaciones darán, entre los dos, en una hora ?

En un campeonato de esquí hay 504 balizas. Un concursante ha derribado la mitad y por cada una se le acumulan 64 puntos negativos. ¿ Cuántos negativos acumuló ?

En un estanque hay 945 litros de agua. ¿ Para cuántos días tendría agua un pelotón de 9 soldados si cada uno necesita 3 litros diarios ?

Hemos realizado tres ventas de 1.315, 2.685 y 5.217 euros, respectivamente. De estos importes guardamos 6.791 euros para gastos e ingresamos lo restante en el banco. ¿Cuánto supone el ingreso ?

$6170 - 4308 =$

$72 \times 800 =$

¿ Cuántos siglos de antigüedad suman estos animales ?

Cotilosaurio

300 millones de años

Ave primitiva

130 millones de años

Entre dos campos hay 325.690 girasoles. Si el primero tiene 88.042, ¿ en cuántos girasoles supera el segundo campo al primero ?

Las ventas de un tendero durante 3 días consecutivos son de 127'45, 221'38 y 339'1 euros, respectivamente. ¿ Cuánto ha vendido diariamente por término medio ?

Compramos 17 ovejas por un total de 1.124'04 euros y las vendemos a 75'28 euros cada una. ¿ Cuánto ganaremos en la operación ?

456 × 20 = **342 : 9 =**

¿ Cuánto valen 7 quesos?

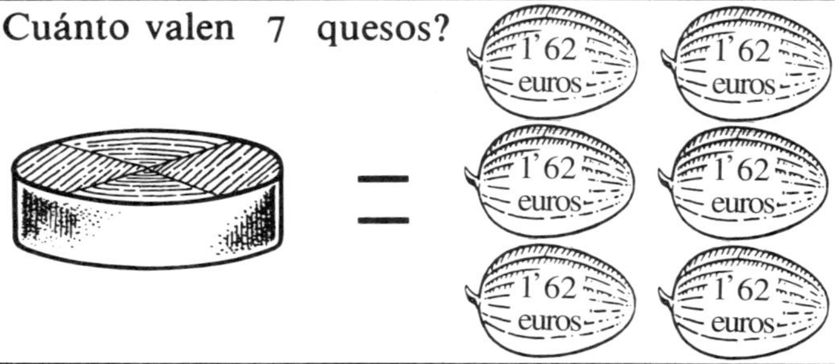

Con el dinero que tengo en el bolsillo compro una pelota de 90 céntimos y todavía me sobran 3'6 euros. ¿ Cuánto dinero tenía al principio ?

Si por 6 plantas se han pagado 3'78 euros, ¿ cuánto costarán 28 hileras de plantas si cada una tiene 25 ?

Con las bengalas que tiene un pirotécnico, puede hacer 25 fuegos artificiales empleando 700 en cada uno. Si quisiera hacer 28 fuegos artificiales con las mismas bengalas, ¿ cuántas emplearía en cada uno ?

15326 + 6320 =

900 : 60 =

Javier tiene 28 veces el dinero que ves. ¿ Cuántos euros tiene?

En un torneo de golf participaron 25 jugadores que realizaron 64 hoyos cada uno. Si por cada hoyo se invirtió un promedio de 4 minutos, ¿ cuántos minutos duró el torneo ?

Con 12 metros de tela se pueden confeccionar 4 camisas de manga corta. ¿ Cuántas camisas se harán con 84 metros de tela ?

Hemos adquirido un automóvil por 3.005’5 euros y en reparaciones hemos invertido 1.853’8 euros menos que en el coche. ¿ Por cúanto debemos venderlo para ganar en la operación 1.842’8 euros. ?

6470—3082 = **636 : 4 =**

¿ Cuánto pesa el saco grande ?

¿ Cuántos lápices habrá en 16 gruesas, sabiendo que una gruesa se compone de doce docenas ?

Un viñedo contaba con 22.348 cepas y un pedrisco destruyó la cuarta parte. Después se plantaron 7.235 cepas. ¿ Cuántas tendrá ahora más que al principio ?

Un automóvil recorre 450 kilómetros en 6 horas y otro 504 en 7 horas. ¿ Cuál es el más veloz, el primero o el segundo ?

65 × 400 = **690 : 30 =**

Calcular lo que pesan 5 delfines.

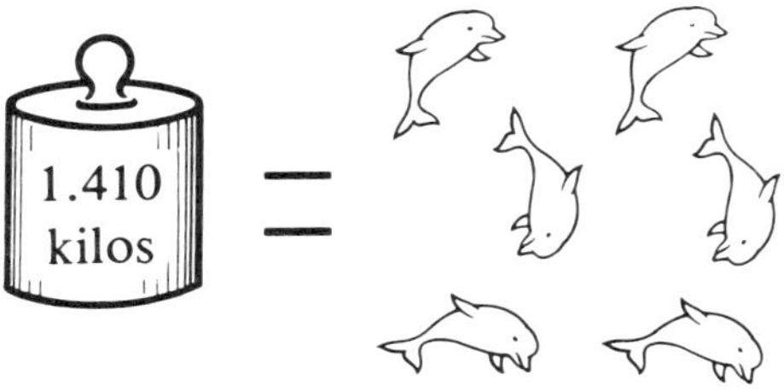

¿ Cuál es el número que multiplicado por 74 da 14.208 de producto ?

En una votación se obtuvieron 8.216 votos positivos, 5.456 negativos y 3.844 nulos. ¿ Cuántos votantes participaron ?

Se han de repartir 56.353 euros entre tres personas, de manera que la primera reciba 21.831 euros. ¿ Cuánto recibirá cada una de las otras dos si el resto se lo distribuyen en partes iguales ?

65178 + 5439 = **64 × 2000 =**

La bicicleta vale 3 veces más que el jersey.
¿ Cuánto valen las dos cosas juntas ?

Considerando excesivo el consumo de 4.630 litros anuales de combustible, se ha efectuado una reparación que permite ahorrar la quinta parte. ¿ Cuál será el nuevo consumo anual ?

Un pescador optimista compró 480 unidades de cebo vivo. En una caña emplea 120 cebos y en la otra 140. ¿ Cuántos cebos le sobraron ?

Un coche ha hecho un consumo de gasolina por valor de 3'9 euros durante un recorrido de 65 kilómetros. ¿ Cuánto ha gastado por kilómetro ?

5015—740 = **280 : 8 =**

El avión caza debe sacar 325 kilómetros de ventaja al de pasajeros. ¿ Cuántas horas tienen que volar ?

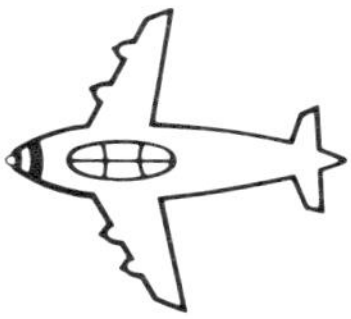

1.005 km. por hora

940 km. por hora

De una cosecha de 28.844 gavillas, se llevaron 28 camiones con 463 gavillas cada uno y destinaron, además, 734 para simiente. ¿ Cuántas gavillas quedan disponibles ?

Entre 4 hombres pescaron 156 kilos de peces y los vendieron a 8'5 euros el kilo. ¿ Cuánto dinero correspondió a cada uno ?

En un saco había 93 kilos de harina y vendemos un tercio por 6'51 euros. ¿ A cómo hemos vendido el kilo ?

615 × 30 = **380 : 20 =**

Si vendemos este vino a 95 céntimos el litro, ¿ cuánto perdemos ?

Hemos comprado una nevera pagando la mitad al contado y el resto en 12 plazos semanales de 12 euros cada uno. ¿ Cuánto nos cuesta dicha nevera ?

Un automóvil tarda 8 horas en hacer un recorrido de 720 kilómetros. Si fuera a 60 kilómetros por hora, ¿ cuánto tiempo emplearía en hacer el mismo recorrido ?

En un carnaval participaron 127 comparsas de 38 personas cada una. ¿Cuántas personas participaron?

3685 + 2018 = **384 : 4 =**

La tortuga pesa la mitad que el cerdo. ¿ Cuánto pesan entre los tres ?

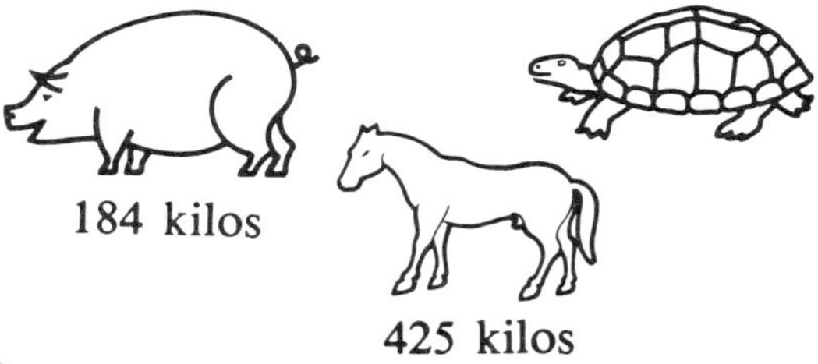

Un ordenador tiene 9.475 Kilobytes contenidos en 3 ficheros. El primer fichero tiene 3.975 Kilobytes y el segundo la misma cantidad que el tercero. ¿ Cuántos Kilobytes tiene este último ?

En una interesante exposición se reunieron: 50.632 sellos, 36.251 monedas y 24.326 billetes. ¿ Cuántas unidades podíamos admirar en total ?

Hacer 1.000 veces menor el número 185.940.

7435—750 = **750 : 50 =**

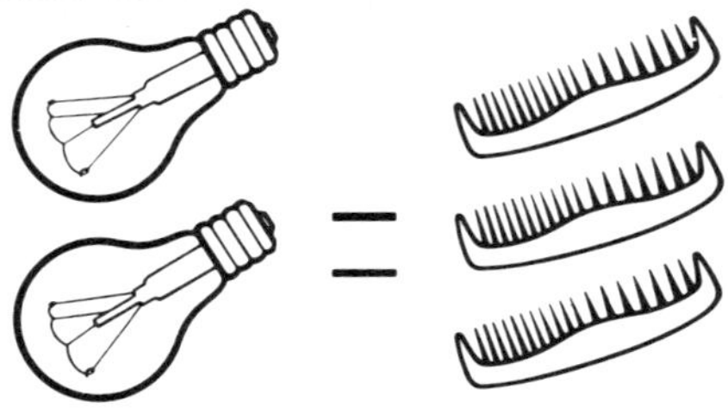

Calcular el valor de 2 peines.

Todo vale 3'6 euros

Una compañía naviera transportó 34.636 viajeros el año pasado con sus 4 buques. Este año han sido 39.252. ¿Cuántos viajeros ha llevado más cada buque este año que el pasado, por término medio?

Pagando la docena de espárragos al 1'95 euros, ¿ cuántas docenas de espárragos podemos comprar con 44'85 euros ?

Un coche sale de Zaragoza a las 12 horas con dirección a Tarragona y llega a las 19 horas. Sabiendo que marchó a una velocidad media de 40 Km. por hora y que durante el recorrido tuvo una avería que duró una hora, ¿ qué distancia hay entre las citadas capitales ?

50 × 90 = **927 : 9 =**